我的身體 怎麼啦？

女孩
青春期 手冊

安妮塔·加內瑞　著

杜麗莎·馬天妮絲　圖

新雅文化事業有限公司
www.sunya.com.hk

新雅‧成長館
我的身體怎麼啦？
女孩青春期手冊

作　　者：安妮塔‧加內瑞（Anita Ganeri）
繪　　圖：杜麗莎‧馬天妮絲（Teresa Martinez）
翻　　譯：何思維
責任編輯：潘曉華
美術設計：蔡學彰
出　　版：新雅文化事業有限公司
　　　　　香港英皇道 499 號
　　　　　北角工業大廈 18 樓
　　　　　電話：(852) 2138 7998
　　　　　傳真：(852) 2597 4003
　　　　　網址：http://www.sunya.com.hk
　　　　　電郵：marketing@sunya.com.hk
發　　行：香港聯合書刊物流有限公司
　　　　　香港新界大埔汀麗路 36 號
　　　　　中華商務印刷大廈 3 字樓
　　　　　電話：(852) 2150 2100
　　　　　傳真：(852) 2407 3062
　　　　　電郵：info@suplogistics.com.hk
印　　刷：中華商務彩色印務有限公司
　　　　　香港新界大埔汀麗路 36 號
版　　次：二〇二〇年六月初版
　　　　　二〇二四年九月第三次印刷

Original title: My Body's Changing: A Girl's Guide to Growing Up
Author: Anita Ganeri
Illustrator: Teresa Martinez
First published in the English language in 2019
by The Watts Publishing Group
Copyright © The Watts Publishing Group 2019
All rights reserved.
Franklin Watts
An imprint of Hachette Children's Group
Part of The Watts Publishing Group
Carmelite House
50 Victoria Embankment
London EC4 Y 0DZ
An Hachette UK Company
www.hachette.co.uk
www.franklinwatts.co.uk

ISBN: 978-962-08-7538-0

Traditional Chinese Edition © 2020 Sun Ya Publications (HK) Ltd.
18/F, North Point Industrial Building, 499 King's Road, Hong Kong
Published in Hong Kong SAR, China
Printed in China

目錄

少女初長成

　　小時候，你覺得十多歲的哥哥姐姐像極了大人；
到你成了青少年，又覺得大人的樣子看起來更成熟。
但其實在不久的將來，你也會變成大人的樣子啊！

　　從出生起，在每個人生階段裏，你
的身體都會不斷變化。有時候，身體
只是有輕微的變化，但也有些時
候，變化又大又快。青春期是
其中一個身體有顯著變化的
階段，那是你從孩童轉變
成大人的時期，而這也是
本書的主題。

在青春期，你的身體裏裏外外都出現變化。你也許已注意到這些變化，如果還沒有，也只是時間問題，你不用為此而擔心。每個人的生理時鐘快慢都不同，所以，每個人的青春期在什麼時候開始，也會有所差異。

踏入青春期，實在令人緊張又興奮，但也可能令你感到害怕和有點尷尬。青春期不但使你的身體起變化，而且這些變化會影響你的生活、感覺，以及與家人和朋友的相處。

這本書會幫助你了解更多青春期是怎麼一回事。請放心，青春期是個很正常、很自然的人生階段！

青春期是怎樣的？

　　由青春期開始，你就踏進人生的新階段。你的身體不斷成長，由孩童轉變成大人，好讓你日後可以生兒育女。

　　為什麼要經歷青春期呢？你的身體裏有些強大的化學物質，稱為荷爾蒙。荷爾蒙經血液走遍全身，向身體各部分傳遞信息。

　　你的身體裏有不同的荷爾蒙，有些指示身體發育，有些控制身體消耗能量的方法，有些則為你的身體做好成為大人的準備，因而出現青春期。

在接下來的章節，你會知道更多關於青春期為身體帶來的各種變化。下面先列出十個主要變化，讓你有初步的概念。這些變化不是按次序出現，也有可能同時發生，但都是正常的，請放心。要知道，每個人的身體發展都不相同。

踏入青春期：

- 身體會長高，而且長得很快
- 身體有了曲線，臀部也變寬
- 胸部開始發育
- 長出陰毛
- 腿上和腋下也長出毛髮
- 開始長青春痘
- 較常流汗
- 情緒起伏不定
- 生殖器官逐漸發育
- 開始來月經

青春期在何時開始？

　　大部分女孩在十歲至十一歲左右進入青春期，但是，也可以在七歲至十三歲期間隨時開始。青春期受很多因素影響，因此沒有一個特定開始的時間。

　　每個人也會經歷青春期，但各人發育的時間都不一樣，所以不用跟朋友比較。早些或遲些都沒關係，反正每個人始終會經歷青春期！

男孩也會經歷青春期，通常在八歲至十四歲開始。跟女孩一樣，男孩也會迅速長高和長出體毛。他們還可能要開始刮鬍子了。

此外，男孩的喉部發育，聲線會變得低沉，説話也容易走音。這段時期，他們説話時，聲線一時高而尖，一時低而沉，難免感到尷尬。不過再過一段時日，他們的聲線就會穩定下來。

女孩一般比男孩早進入青春期，因此，就算午紀相同，班上的女孩通常比男孩高一點，外貌也會成熟一點。女孩可能會覺得男孩有點傻、有點稚嫩，男孩則覺得女孩有點霸道、有點可怕。不過，一兩年後，待男孩開始發育，就會趕上女孩，大家就扯平了。

外觀的轉變

　　本書的前部分會談談青春期帶來的外觀轉變。你可能會先留意到這些身體變化，知道自己開始發育了。

　　身體突然長高是個提示，使人知道自己踏入青春期。到了十二、十三歲，你很可能會高得比以往快。你迅速長高，難怪會常常聽到別人説你長大了很多！

　　在你迅速長高之際，你的手腳也會變長，而且生長得比身體其他部分快。你可能會覺得自己笨手笨腳，感到不舒服，甚至發現心愛的牛仔褲突然變得很短。

為什麼我的手腳會痛？

如果疼痛只是間歇性，疼痛的地方沒有任何外傷、紅腫等症狀，身體也沒有其他不適的感覺，那就應該只是「生長痛」，是身體發育期間常見的情況。這種痛不會持續很久。你不需要接受特別治療，因為它會自然消失。

你的身體有了曲線，臀部變寬和變得圓潤，體重還可能會增加。但是，不用擔心這些變化，因為這都是為你日後可以生兒育女做好的準備。不管你的身材比朋友豐滿還是扁平，也不用發愁，因為這是與生俱來的。你是在發育，不是變胖，所以無須節食減肥！過些日子，你就能適應新的體形了。

長出體毛

踏入青春期，身體開始長出更多毛髮。你會發現，以往沒有毛髮的地方，例如陰部、腋下、腿上，都開始長毛髮了。

在陰部長出的毛髮稱為陰毛，分布呈三角形。這些毛髮通常是踏入青春期時最早出現的。最初，毛髮柔軟又淺色，然後逐漸變深色和鬈曲。陰毛不會長得很長，但可以頗濃密。有些女孩的陰毛較多，有些女孩則很少。你的肚子也可能會長出少量毛髮。

陰毛長出大約一年後，腋下、手腳也會長出毛髮，上唇的毛髮顏色也可能變深。

身體不同部分都長出毛髮，聽起來好像有點嚇人。但是，你不用害怕。長出體毛是發育的一部分，這是每個人也會經歷的。

當你年紀漸長，可能會想脫去一些毛髮。記得要先向媽媽、姊姊或阿姨請教，也要好好想清楚脫毛這件事。要是這些毛髮沒有給你帶來麻煩，就讓它們留下來吧。

為什麼在青春期，身體各部分會長出毛髮？

人跟猿同屬一科，但值得慶幸的是，你的毛髮比幾千年前人類的祖先少得多。有說法指陰毛、腋毛有保暖和防菌等作用，不過，仍然沒有人能確定它們長出的真正原因。

乳房發育

乳房的主要功用是製造乳汁，哺育嬰兒。日後，你也可能會生寶寶呢。乳房發育可說是身體最明顯的變化，有些女孩很期待胸部早點發育，有些卻不太習慣，感到很不自在和尷尬，需要一些時間去適應。

乳房開始發育時，乳頭會首先突出。然後，乳房會慢慢鼓起，形成小丘。當脂肪在乳頭後面積聚，乳房就會逐漸變得豐滿，乳頭也會變大和變深色。你可能會感到乳房脹痛，但這些痛楚很快就會消失。

你可能很擔心，自己的胸部比朋友的大還是小，發育得比別人的快還是慢。事實上，每個人的身體和發育時間也有差異，所以你不用為此憂心。每個人的胸部尺寸都不同，有大也有小，也有的不大也不小，你不必在意。

為什麼一邊乳房比另一邊大？

剛開始的時候，一邊乳房可能會比另一邊先發育，不過，通常會慢慢變得對稱起來。儘管如此，不少女性兩邊的乳房也大小不一。

穿着胸圍

　　當乳房發育變大，開始變重，你就可能需要穿着胸圍。胸圍有助承托乳房，使你感到舒服一點。

　　選擇合身的胸圍相當重要，值得我們花時間挑選。胸圍要剛好緊貼胸部，而且罩杯不要太緊，不然乳房脂肪就會給擠出來；也不要太鬆，不然達不到承托效果。

　　你可以在右頁找到如何量度自己胸圍尺寸和對應罩杯等級的資料，或者，你可以直接去內衣店。不少內衣店也會提供免費量度胸圍尺寸的服務，店員都很樂意協助你的。要是你覺得緊張，就找媽媽或朋友陪你一起去吧。

量好尺寸，就能選購胸圍！你可以試穿不同款式、顏色的胸圍。如果下不了決定，就逐個試穿，並且穿上上衣，看看哪個胸圍合身，並且使胸形好看。

如何知道需要購買的胸圍尺寸？

你可以按以下步驟，用軟尺量度自己的胸圍尺寸。

1. 用軟尺沿乳房隆起的最高點，繞背部量一圈，得到上胸圍尺寸。例如是82厘米。
2. 將軟尺緊貼乳房下方（接近隆起處的下緣），繞背部量一圈，得到下胸圍尺寸。例如是75厘米。
3. 計算上胸圍和下胸圍的差距，得出罩杯等級：差距大約7厘米是AA杯、大約10厘米是A杯、大約12.5厘米是B杯、大約15厘米是C杯、大約17.5厘米是D杯。
4. 依上面的例子，你需要購買的胸圍尺寸是75AA（82－75＝7厘米）

內在的轉變

你已經知道，身體外形在青春期的變化，那麼身體裏面又會有什麼變化呢？雖然你看不見體內的變化，但了解這些知識還是很有用的，可以使你安心。

在青春期裏，生殖器官會發育。這些器官就藏在肚子下方的位置，它們會為你的身體做好準備，讓你日後可以孕育胎兒。

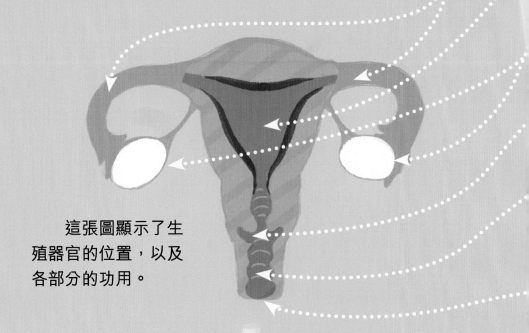

這張圖顯示了生殖器官的位置，以及各部分的功用。

輸卵管

這兩條管子從卵巢延伸到子宮。卵巢每個月都會排出卵子，卵子會沿着輸卵管進入子宮。

子宮

如果一個女人懷孕了，胎兒就會在這裏成長。胎兒變大，子宮也會跟着伸展。

卵巢

卵子就是儲存在兩個卵巢裏。當女人的卵子跟男人的精子結合，就會孕育出胎兒。

子宮頸

這個狹窄的通道把子宮和陰道連接起來。

陰道

它富有彈性，是從體外通往子宮的管道。

外陰

這是生殖器官外露的部分，因此也稱為外生殖器官。

月經初來

　　在青春期，開始來月經是其中一個重大變化。月經的意思是，每個月有一次，血液會從陰道排出來，而且一來就是好幾天。這聽起來有點可怕，但請放心，來月經是發育的一部分，十分正常和合理。

　　月經會出現，是因為卵子每個月會從卵巢排出，然後沿着輸卵管往下走進子宮。子宮內膜會變厚和充血，以孕育胎兒。可是，如果女性的卵子碰不着男性的精子，沒有孕育胎兒，卵子就會跟着子宮內膜一起破裂。然後，子宮內膜脫落，形成經血，並從陰道排出來。

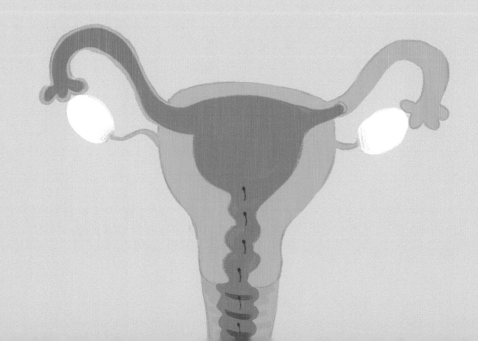

你大概會在十歲至十五歲開始來月經，當然，也可能是更早或更遲一點。

來月經前，你或許會留意到內褲有些白白黃黃的污漬，胸部會脹痛，以及小腹有點痛。別擔心，經期開始後，這些狀況大多會消失。

「M到」是什麼意思？

「M」是指menstruation，所以「M到」是來月經的另一個說法，也有人會說「姨媽到」。

使用衞生巾

月經期間，你需要一些用品來吸收經血。很多女孩最初選擇用衞生巾，後來可能會試用衞生棉條（詳情請見第24頁）。在超級市場、藥房就能買到這些衞生用品。

衞生巾呈長條型，以防滲漏物料製造，使用時把它貼在內褲中央。

衞生巾有不同款式和厚度。月經剛來以及月經量多時，要使用厚一點的衞生巾；睡覺時，要用長一點的款式。其他時間則可以選用薄一點的。不妨試試不同牌子和款式的衞生巾，看看哪些適合你。

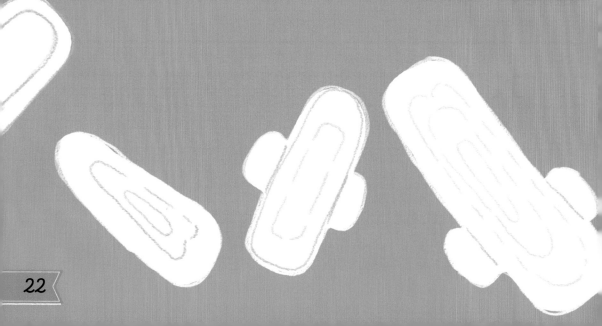

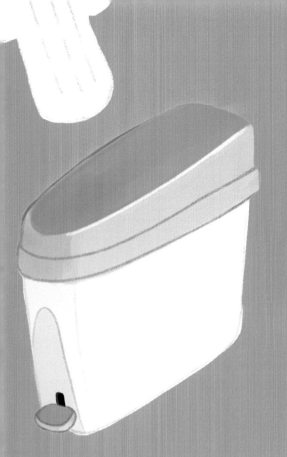

在白天，你要定時更換衛生巾。每隔數小時更換一次，就可防止臭味發出或經血滲漏。還有，你要小心處理使用過的衛生巾，千萬不要把它沖進廁所。你可以用袋子把它裝起來，或是用新換的衛生巾包裝紙捲起來，再放進垃圾桶。在學校和公共廁所裏，設有垃圾桶可以棄置衛生巾和衛生棉條。

衛生巾會從衣服透出來嗎？

請你放心，衛生巾設計纖薄，別人不會從你的衣服中看出來。

使用衛生棉條

衛生棉條是細小的圓柱體，以防滲漏物料製造，尾端附有棉繩。衛生棉條的大小剛好能放進陰道，它會漲大並吸收經血。衛生棉條有不同尺寸，最好選用適合你的最小尺寸。月經量多時，用尺寸大一點的；月經量少時，就用小一點的。

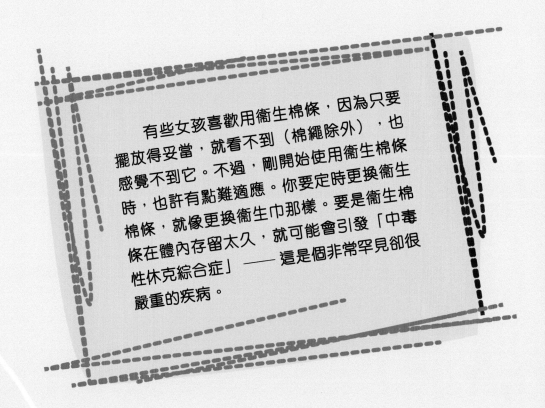

有些女孩喜歡用衛生棉條，因為只要擺放得妥當，就看不到（棉繩除外），也感覺不到它。不過，剛開始使用衛生棉條時，也許有點難適應。你要定時更換衛生棉條，就像更換衛生巾那樣。要是衛生棉條在體內存留太久，就可能會引發「中毒性休克綜合症」——這是個非常罕見卻很嚴重的疾病。

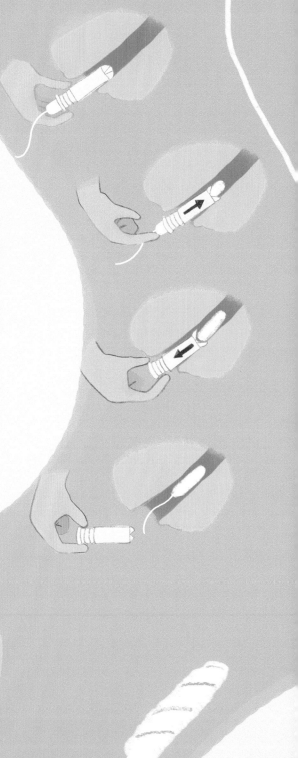

　　使用衞生棉條前，記得清潔雙手。用手指或導管（膠管或紙管）把衞生棉條推入陰道，然後把導管向上推。

　　接着，把導管拉出來，衞生棉條就會留在體內。要是感到不舒服，可能是因為推得不夠深入。你可以取出衞生棉條，再用新的衞生棉條試一次。多練習幾次，就可以輕易把衞生棉條推進身體。

　　更換衞生棉條時，只需輕輕拉一下棉繩，就可取出衞生棉條。雖然衞生棉條可以掉進廁所，但為了環境衞生，最好還是把它包起來，放進垃圾桶。

經痛之苦

在月經來的前幾天或來月經時的第一、二天，你有時可能會感到小腹痛。但不用擔心，只要你學會處理經痛，就能如常過生活。

不是每次來月經時都會出現經痛，有些女孩在來月經時完全沒有不適的感覺。不過，有些女孩可能發現，在來月經的前幾天，會比平日容易疲倦和煩躁。此外，會有腹脹的感覺，頭或背也可能感到痛楚。

這些狀況的出現，是因為來月經時，身體內的荷爾蒙分泌有所變化，導致身體不適。不用擔心，這是正常現象。

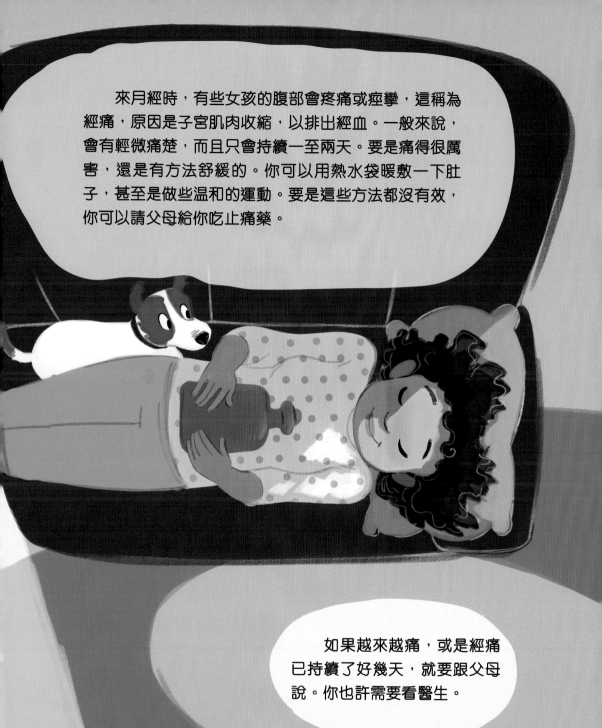

來月經時，有些女孩的腹部會疼痛或痙攣，這稱為經痛，原因是子宮肌肉收縮，以排出經血。一般來說，會有輕微痛楚，而且只會持續一至兩天。要是痛得很厲害，還是有方法舒緩的。你可以用熱水袋暖敷一下肚子，甚至是做些溫和的運動。要是這些方法都沒有效，你可以請父母給你吃止痛藥。

如果越來越痛，或是經痛已持續了好幾天，就要跟父母說。你也許需要看醫生。

月經知多少？

剛開始來月經時，難免會感到緊張，還會滿腦子疑問。你可以在這兩頁找到一些關於常見月經問題的答案，也可以向媽媽、姊姊、老師等請教。

每次月經會來多久？

月經大概為期三至八天，通常持續五天左右。月經量在頭兩天一般較多。

每次經期會流多少血？

月經期間，你只會流失少量血液，大約五至十二茶匙。經血不會一次過湧出來，而是慢慢流出體外。

在學校突然來月經應該怎麼辦？

你可以請老師給你衛生巾或衛生棉條。不用害羞，因為她們都很有經驗！你也可以預先在儲物櫃或書包裏擺放一些衛生用品。

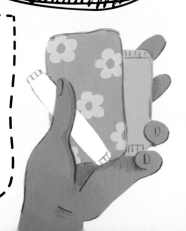

為什麼我還沒有來月經？

每個人發育的速度也不一樣，你可能比朋友晚一點才來月經。大部分女孩到了十六歲，經期才較固定。

我可以上體育課嗎？

當然可以！可是，要上游泳課的話，就不可以使用衞生巾，而是使用衞生棉條。

用衞生棉條會弄傷下體嗎？

最初使用衞生棉條時，你可能會感到怪怪的，或是有點不舒服，但只要使用正確，它就不會弄傷你。放鬆身體，就能較易把衞生棉條推進去。

衞生棉條會否在體內失蹤？

不會，衞生棉條只會停留在陰道。子宮頸很小，衞生棉條不會滑進去。

月經什麼時候會停止？

經期很可能大概在四十五歲至五十五歲停止。停月經前的幾個月或幾年，經期次數會逐漸減少，這過程稱為更年期。

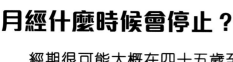

照顧好自己

　　身體內外都在變化，這一切都消耗你大量的能量，難怪你會感到疲累和煩躁。所以你要好好照顧自己，要吃得健康、經常運動，以及有充足睡眠，就能輕鬆度過青春期。

　　在發育時期，每晚好好睡一覺是非常重要的。這樣，忙個不停的身體才可以停下來休息。而且，身體也會在你睡覺時製造荷爾蒙，幫助你發育。不過，在青春期，你的睡眠習慣或者會改變。你可以當個夜貓子，很晚也不去睡覺，但你隔天早上就起不了牀，極需要補眠。

如果你很累，卻睡不着覺，可以試試……

- 每晚在固定時間上牀睡覺。
- 睡前喝一杯熱飲，或是洗個熱水澡。
- 將睡房調較至適中的温度。
- 在睡前至少一小時關掉所有電子產品。
- 睡前不要胡思亂想，可以嘗試數綿羊！

我需要睡多久？

　　五歲至十二歲的孩子，每晚需要大約十至十一小時的睡眠。至於青少年，則大約睡九小時。不過，每個人需要的睡眠時間也不一樣，有些需要睡多些，有些睡得少些也可以。

吃得健康

　　在青春期，你很可能時常感到肚子餓，這是因為你正快速地發育，身體消耗了大量能量，需要經常補充燃料。

　　均衡飲食有助你應付青春期的種種變化，保持身體健康。換言之，你需要進食不同種類的食物。下圖顯示了不同的食物種類。該類食物佔的部分越大，代表你需要攝取較多的分量。

水果和蔬菜

粉麵、米飯、麵包和穀類食物

高脂食物

牛奶、芝士和奶製品

雞蛋、豆類、魚類和肉類

肚子咕咕作響時，就會禁不住想吃零食，像是餅乾、薯片之類。偶爾吃吃甜食或高脂食物還可以，但最好還是選擇健康零食。水果、原味爆谷、乳酪，這些食物不但美味，而且能填飽你的肚子。

水、半脫脂奶、無糖飲品，都是健康飲料。果汁、水果奶昔、有氣飲料的糖分很高，容易讓你患上蛀牙。偶爾喝喝無妨，但千萬不要天天喝。

我需要節食減肥嗎？

在青春期，體重增加一點是正常的，尤其肚子和臀部會長點肉，好讓你的身體準備好應付發育需要。這不是說你會越變越胖，只要保持均衡的飲食和適量的運動，你就不用刻意節食減肥。

多做運動

在青春期的時候，除了要吃得健康，也需要多做運動。運動使人精神煥發、身體強壯，也有助維持健康體重。而且，還能使你睡得好一點，快樂多一點，壓力也少一點。

我們很容易就找到藉口不做運動，例如沒有時間、天氣太冷或太熱、昨晚沒睡飽所以要補眠。可是，你要緊記，做運動能帶給你多不勝數的好處，千萬不要輕易放棄啊！要持之以恆做運動，秘訣是找出自己喜愛的活動。你無須成為運動高手，只要找機會走走動動就可以了。

做運動不僅限於跑步、上健身室或擠身校隊。事實上，帶狗散散步、在房間隨意舞動、在公園跑跑跳跳，也是在做運動。

你還可以試試這些活動：

- 步行
- 慢跑
- 游泳
- 跳舞
- 做體操

- 打網球
- 打籃球
- 騎馬
- 騎滑板車
- 玩滾軸溜冰

- 踏單車
- 攀石
- 練武術
- 踢足球

我需要做多少運動？

　　你要經常做運動。可以的話，一星期五次，每次最少一小時。當然，你可以將每次運動時間分拆成幾個時間段完成。

保持清潔

你可能會留意到，踏入青春期，汗水比以前流多了，稍微活動一會兒，就會汗流浹背。不用擔心，這是青春期的正常現象，而且每個人都會出汗，汗水有助身體降溫。

如果汗水跟皮膚上的細菌混在一起，就會發出臭味，產生體味（或稱為體臭）。因此，你要每天，以及每次運動後洗澡，保持身體清潔。

你也可以在腋下使用止汗劑，但要留意當中的成分，並留意使用後皮膚有沒有出現敏感不適等症狀，有需要時可請教醫生或藥房的藥劑師。記得也要經常更換衣服，特別是上衣、襪子和內衣褲，這樣就不會變得臭哄哄的了。

除了腋下會因冒汗而產生臭味，你臉上還有可能長青春痘，原因是皮膚上的油脂堵塞了毛孔。千萬不要抓或擠青春痘，不然，就得花更長時間才能復原，還可能會引起傷口發炎。

你也要保持臉部清潔，這有助減少青春痘。記得早晚也要用溫和的肥皂或潔面乳洗面，配以溫水沖洗。進食健康食物和多喝水也有助改善皮膚。如果青春痘長得多，或持續不退，你可以告訴爸爸媽媽，讓他們幫你到藥房買暗瘡膏或帶你去看醫生。

為什麼我的頭髮老是油油的？

跟長青春痘一樣，也是因為油脂堵塞了頭皮的毛孔。所以，你需要天天洗頭，並使用控油洗髮水。

複雜的情感

你有沒有試過，這分鐘眉開眼笑，下分鐘卻悶悶不樂？是否所有人、所有事都可以輕易令你抓狂？這些感覺當然不好受，然而，情緒起伏不定正是成長過程的一部分。

你應該了解到，荷爾蒙會令身體起變化，但除此以外，它還會使人情緒變得容易波動。

你可能會突然感到生氣，但想不出令你生氣的原因。你也可能無緣無故跟朋友吵起來，又或是突然希望獨個兒呆在一角。這聽起來令人有點迷惘和害怕，不過你的荷爾蒙分泌和感覺經過一段時間後，始終會回復正常的。

踏入青春期，你需要一點時間，才能習慣新的自己。你也可能常常感到不自在，覺得別人都在看着自己，或是覺得沒有人喜歡自己。這些想法往往都不是事實，但就是令你當時感到既真實又痛苦。要記住，這個新的自己，不論裏外，都值得你自豪！

為什麼我會這麼生氣？

每個人也有生氣的時候，重要的是你怎樣處理怒氣。你可以試試學習控制情緒。其中一個方法是，強迫自己從一數到十（或更多），直到冷靜下來為止。

親朋好友

　　每個人都試過跟家人和朋友爭吵，但是，到了青春期，吵架次數可能會增加。

　　有些友誼經得起考驗，可以維持很多年。但踏入進青春期，你跟朋友的成長步伐不一，大家感興趣的事也未必一樣，友情也許會改變。你可能交了新朋友，跟舊朋友少了見面；也可能這下子跟某人做了最好的朋友，過一陣子卻換成另一人是你最好的朋友，再過一陣子又換回來！

此外，跟父母相處也變得困難了。你渴望成為大人，但覺得他們老是把你當成小孩。你一怒之下，就衝口而出說「我討厭你們」（但不是真的）。在你埋怨父母的時候，也請你別忘記，父母想你安全和快樂地成長，才事事叮囑你。

在青春期，你也可能開始傾慕男孩，心情是既興奮又害怕。你或許會暗戀某個男孩。看到他時，心裏會有些說不清、道不明的奇妙感覺。你希望他注意到你，但他注意你時，你又會急着想跑開，想躲起來。先別着急，你可以嘗試找機會與他多傾談，就像普通朋友一樣，了解他是個怎樣的人。

你真棒！

　　現在你已學到很多青春期的知識，希望這有助你更了解自己正在經歷的轉變。可以肯定的是，青春期就像坐過山車，過程中不斷起起跌跌。

　　青春期結束的時候，你可能長得比媽媽還要高（甚至高過爸爸），胸部發育成熟，還開始來月經。你也可能跟朋友吵架後不久便和好，然後再次鬧翻。你很可能會偷偷喜歡某個人。還有，你可能會覺得身邊的人全都很麻煩，把你幾乎氣瘋了。這些經驗和感覺都很刺激，但也令人很累。所以，不要錯過第30-31頁告訴你如何睡得好一點的心得。

青春期是每個人必經的階段，人人也會經歷各種各樣的變化——有時候過得很快活，有時候卻不太如意。當你多點了解青春期，就有助你適應期間的變化。

　　要是你真的很擔憂，請記住，你並不是孤單的，千萬不要把心事藏起來。你總可以找到傾訴對象，得到幫助。假如你覺得很難跟父母開口，就試試跟喜歡的老師、駐校社工，或你覺得信任的長輩說說吧。你也可以在接下來的兩頁找到相關資訊和建議。

祝你一切順利！

相關資訊

　　希望你覺得這本書實用，並且幫助你多點認識青春期是怎麼一回事。請務必記住，青春期是成長中的必經階段。如果你在擔心些什麼，就試試跟朋友聊聊，說不定你會發現，原來大家正為相同的事情煩惱！你也可以跟值得信任的大人談談，像是父母、照顧你的人、老師、阿姨和姊姊。要是真的無人可傾訴，你還是可以在很多地方找到建議和幫助，以下是其中一些……

網站

衞生署學生健康服務：青春期（學生篇）

https://www.studenthealth.gov.hk/tc_chi/health/health_se/health_se_ps.html

這個網站提供男孩和女孩在青春期時經常遇到的煩惱和解答，並有青春期身體變化的參考資訊。

香港家庭計劃指導會

https://www.famplan.org.hk

這個網站提供男孩和女孩的青春期資訊，也有一些動畫及遊戲，提供性教育。

明愛「愛與誠」綜合性教育計劃

https://caritas.lovechastity.org.hk

這個網站提供青春期男孩和女孩經常遇到的問題和解答，並設有小遊戲，提供對性的正確知識和態度。

賽馬會青少年情緒健康網上支援平台「Open噏」

https://www.openup.hk/index.htm

這個網站透過社交媒體和不同訊息工具，全天候二十四小時提供服務，與青少年溝通，陪伴他們面對來自學業、家庭、朋輩相處等引致的情緒問題。

延伸閱讀

《女孩指南 —— 動感青春期50課》 （由山邊出版社出版）

　　告別了童年，人人都要經過荊棘滿途，卻又驚喜處處的青春期。別擔心，多項世界紀錄保持者瑪拉娃會以大姐姐的身分，用親身經驗、實用的建議，伴你走過迷惘卻精彩的少女歲月！

《深呼吸，靜下來：給孩子的正念練習》 （由新雅文化出版）

　　這本書透過集中注意力、平靜、動一動、變動、關愛、反思等六大方面，幫助你調整心情，提升心智，並配合多個簡單的正念練習，讓你逐步專注現在，放鬆身心；找回平靜的心境，感受生活的趣味！

詞彙表

毛孔 pore：皮膚上細小的洞。

月經 period：女孩踏入青春期的其中一種生理變化。每個月一次，血液從陰道排出，而且一來就是好幾天。

生長痛 growing pain：青春期發育時，身體可能會陣陣作痛。

生殖器官 sex organ：身體用來孕育胎兒的部分。

更年期 menopause：大概四十五歲至五十五歲時發生。女性的卵巢開始停止製造卵子，月經變得不規律的時期。

迅速長高 growth spurt：青春期裏，在短時間內明顯長高。

青春痘 acne：皮膚上的紅色痘子，通常在青春期長出。

陰毛 pubic hair：粗硬而且短的毛髮，長在生殖器官外露的部分。

陰道 vagina：它富有彈性，是從體外通往子宮的管道。

細菌 bacteria：極小的生物，有好也有壞。

荷爾蒙 hormone：強大的化學物質，會經血液走遍全身，向身體各部分傳遞信息，並影響生理功能。

痙攣 cramp：肚子感到嚴重的絞痛。

罩杯 cup：胸圍的杯型部分，用來遮蓋乳房。

衛生巾 sanitary towel：呈長條形，以防滲漏物料製造，來月經時，貼在內褲中央來吸收經血。

衛生棉條 tampon：細小的圓柱體，以防滲漏物料製造，來月經時，放進陰道來吸收經血。

導管 applicator：膠或紙造的管子，有助把衛生棉條推進體內。

腹脹 abdomen bloated：腹部感到發脹、不舒服，這是來月經前的常見狀況。

體味 body odour：又名體臭，汗水混和着皮膚上的細菌而發出來的臭味。

索引